George Dimos

Theory of evolution and gray sexuality

Bibliographic information published by the German National Library:

The German National Library lists this publication in the National Bibliography; detailed bibliographic data are available on the Internet at http://dnb.dnb.de .

Imprint:

Print and binding: Books on Demand GmbH, Norderstedt Germany
ISBN: 9783346044747

This book at GRIN:

https://www.grin.com/document/504645

George Dimos

Theory of evolution and gray sexuality

GRIN Verlag

ΘΕΩΡΙΑ ΤΗΣ ΕΞΕΛΙΞΗΣ ΚΑΙ ΓΚΡΙΖΟ-ΣΕΞΟΥΑΛΙΚΟΤΗΤΑ

"THEORY OF EVOLUTION AND GRAY SEXUALITY"

Author: George Dimos

Essay written in 2019

ABSTRACT / INTRODUCTION[1]

This essay in half its length examines the necessary aspects of the evolution theory related to the assertions of the grey sexuality (non – binary, multi-gender, etc.) political, religious and scientific post- gnostic movement. It follows the classical views of Erwin Schrodinger, who by his wave equation, is basically responsible for modern biology; and the perspective of the population geneticist Masatoshi Nei. It also deals with the important views of Elliot Sober and Robert I. Richards regarding evolution and Darwin.

The rest of the essay examines characteristics of the movement and views and circumstances involved that helped its ascendancy into one of the main ingredients and of the current political and intellectual mainstream. It thus discusses: the religious-like nature of the movement ; their perception for the creation of a new genos, a new genotype, a new genetic constitution which goes back to the middle eastern origins of populist Christianism; Darwin's religious like 'intelligent selector'; Darwin's view on the 'common ancestry' according to which lineages of different species faced no walls (no insuperable species boundaries) in their evolution; the (even) feign Lamarckism which is always present in the last 200 years; the Romanticism movement which culminate in the German 'Naturphilosophie';-and its continuation in the Artaman League; the pivotal role of Alexander von Humboldt, and his reliance on teleological and 'organic' metaphors'; the concept του 'organic' which

[1] The essay is a translation into Greek of the original text which was written in English.

runs through Marxism; the non-scientific agenda (Franz Boas, Frankfurt School, critical theory, postmodernism) which took out all biological perspectives from the social sciences and replaced them with concepts of culture. All these attempts managed to absorb God plus a certain tribalism into the 'laws of nature' (despite their claims of trying to produce the exact opposite results) and thus annul the work of Greek thought and cripple logical precision. This attempt to alter the scientific thought which possibly took its final form in the 1950's –and produced the supernatural characteristics of today's genomic medicine; the holism and string theory pranks, etc. but also led (out of despair I suppose) good scientists like Gerard 't Hooft to try measure ontology mathematically are also discussed in this essay.

The attempts of the self-proclaimed 'philosophers of the epistemology of race' that is censor like-academia based pressure groups (Appiah, Stephanie Mallia Fullerton, etc.) to educate themselves in order to handle related scientific issues are also discussed. The result of these efforts is most probably the current gradual withdrawal of the non – binaries, etc. from the genetic constitution claims and the transfer to the gender dysphoria claims.

ΘΕΩΡΙΑ ΤΗΣ ΕΞΕΛΙΞΗΣ (EVOLUTION)

Το 1944 ο Schrodinger παρουσίασε σε ομιλίες του στην Ιρλανδία το "What is life". Το βιβλίο αυτό περιείχε τις σκέψεις του για την κατάσταση της Βιολογίας εκείνη την εποχή. Φάνηκε χρήσιμο σε αρκετούς όπως για παράδειγμα στον James Watson και στον Francis Crick που αναθεώρησαν τον μέχρι τότε τρόπο δουλειάς τους και 9 χρόνια αργότερα (1953) βρήκαν την μοριακή δομή του DNA.

Ο Schrodinger στηρίχτηκε στην μέχρι τότε δουλειά του Max Delbrück και έκανε μερικές διορατικές προτάσεις για το μέλλον. Ίσως να ήταν πιο εύκολο για τον Schrodinger να ασχοληθεί με τον Delbrück μια που και αυτός ήταν ένας φυσικός που ασχολήθηκε με την Βιολογία[2]. Είχαν επίσης ένα κοινό γερμανικό επιστημονικό υπόβαθρο.

Σε κάποια σελίδα του "What is life" ο Schrodinger γράφει: 'αλλά βασικά είναι η όλη η (τετραδιαστατη) μορφική δόμηση; η ορατή και εμφανής φύση του διακριτού (individual) η οποία αναπαράγεται χωρίς σημαντική αλλαγή για ολόκληρες γενιές, σταθερή μέσα στους αιώνες- όμως όχι για πάνω από δεκάδες χιλιάδες χρόνια'

Το όριο των 10.000 χρονων που βάζει ο Schrodinger το 1944 το βλέπουμε δεκαετίες μετά και στην δουλειά του Masatoshi Nei και μάλιστα αρκετά πιο εξελιγμένο. Δεν νομίζω πως έψαξε για κάποιο στοιχείο που προκαλεί τις μεταλλάξεις, για κάποιο μεταλαξιογονο

2 Αν και πιστεύω ότι η Βιολογία πρέπει να ξεφύγει από την Φυσική. Ένα από τα προβλήματα της Βιολογίας ότι δεν μπορεί να ξεπεράσει ακόμη τις παγίδες που της βάζει η Φυσική και για αυτό παράγει μόνο αντίγραφα της.

(mutagenic element) της ανθρώπινης πορείας ο Schrodinger στο βιβλίο που προαναφέραμε. Άλλωστε η δουλειά του ήταν ένα βιβλίο 60 περίπου σελίδων για το 'γενικό ακροατήριο'. Ο Nei όμως σε μια εποχή που η μοριακή βιολογία έχει αναπτυχθεί (και αυτός συνέβαλλε αρκετά στην ανάπτυξή της) δηλώνει το 2014[3] πως ' Νομίζω πως υπάρχει ένα μεταλαξιογονο στην ανθρωπινή πορεία (εγχείρημα) αλλά είναι πολύ δύσκολο να συλλέγεις τις σχετικές αποδείξεις. Εμφανίστηκε μόνο, ας πούμε, τα τελευταία 10.000 χρόνια και δεν ξέρω αν αυτό αλλάζει την συχνότητα μεταλλάξεων (rate of mutation)'[4].

Βλέπω λοιπόν την άποψη του Nei (η οποία φυσικά λαμβάνει υπόψη την δουλειά που έγινε μέσα στα 70 χρόνια από την έκδοση του βιβλίου "What is life") να μοιάζει σαν απάντηση στην άποψη του Schrodinger , δηλαδή στο ότι: "οι μεταλλάξεις (mutations)... είναι ευκαιριακές μεταβολές, τυχαίες καταστάσεις (jumping variations) με μικρές διαφορές από τις ενδιάμεσες μορφές (forms) που παρουσιάζονται (στην διαδικασία της εξέλιξης)... Μια που να πρέπει να υπολογίσουμε, να λάβουμε υπ όψιν και τις σπάνιες μεταλλάξεις που προέρχονται από τυχαίες διακυμάνσεις της θερμικής κίνησης δεν πρέπει να εκπλαγούμε και πολύ από το ότι η φύση κατάφερε να κάνει μια διακριτική επιλογή ορίων η οποία είναι τέτοια ώστε να κάνει αναγκαία την σπανιότητα του mutation ".

---

[3] 16/3/2014, Discover Magazine

[4] Μετάλλαξη είναι κάθε αλλαγή στο DNA όπως ας πούμε η νουκλεοτιδική αντικατάσταση η παρεμβολή, μια μεταβολή των χρωμοσωμάτων, η γονιδιακή ενίσχυση , γονιδιακός αναδιπλασιασμός (genome duplication) (M. Nei, 'Mutation Driven evolution', Oxford University Press, 2013)

Είναι σημαντικό που από εκείνη την εποχή ο Schrodinger αντιλαμβάνεται την μετάλλαξη σαν την πιο σημαντική κινητήρια δύναμη της εξέλιξης[5]. Ο Schrodinger αναγνωρίζει, φυσικά, από εκείνη την εποχή το μπέρδεμα του Δαρβίνου σε σχέση με τις μεταλλάξεις: ' Ο Δαρβίνος έκανε λάθος στο να θεωρήσει ότι οι μικρές συνεχείς, μεταβολές καταστάσεων (variations) που είναι σίγουρο ότι θα παρουσιάζονται ακόμα και μέσα στους πιο ομογενείς πληθυσμούς είναι ένα μέσο με το οποίο η φυσική επιλογή (natural selection) εμφανίζεται' . Και είχε δίκιο και σε αυτό γιατί ο Δαρβίνος δεν ασχολήθηκε (όσο και αν ακούγεται παράδοξο) ουσιαστικά με την φυσική επιλογή (natural selection) λέει ο Nei.

Και θα συμφωνήσει κάποιος με τον Nei, αν διαβάσει τα βιβλία του Δαρβίνου 'Καταγωγή των Ειδών' ("Origin of Species") και το 'Εμφάνιση του Ανθρώπου '' ("Descent of Man"). Η φυσική επιλογή δεν ήταν γι' αυτόν η αποκλειστική αιτία της εξέλιξης (evolution) και άφησε ένα πεδίο δράσης στον μηχανισμό του Λαμάρκ (Lamarck), όπως διαπιστώνει και ο Elliot Sober[6].

---

[5] Ο Schrodinger στηρίχθηκε στην ερμηνεία του χημικού δεσμού που έδωσαν οι Heitler-London;σε ένα άρθρο του 1934 του N.W. Timofeeff, σε ένα τύπο για το χρόνο αναμονής σταθεροποίησης που εξαρτάται από την θερμοκρασία (time expectation -of stability dependent on temperature) των M. Polanyi & E. Wigner στον οποίο εφήρμοσε εκτιμήσεις (estimations) από μια εργασία των Delbruck, N.W. Timofeeff and K.G. Zimmer και φυσικά στην Θεωρία της Μετάλλαξης του De Vries. Πρέπει να αναφέρουμε εδώ ότι εκείνη την εποχή νόμιζαν ότι τα γονίδια ήταν πρωτεΐνες αλλά ο Schrodinger απέφυγε αυτή την παγίδα.

[6] Elliot Sober "Origin Backwards" PNAS (Proceedings of the National Academy of Sciences of the United States of America), June 16, 2009

Ο Δαρβίνος ήταν κοντά στις κοινωνικές απόψεις της εποχής του και μάλιστα όχι και τόσο σκληρός Νατουραλιστής. Η 'φυσική επιλογή' ήταν γι' αυτόν μια νοήμων (intelligent) και ηθική δύναμη. Το 1844 πολλά χρόνια πριν γράψει το "Origin of Species" έγραψε ένα κείμενο στο οποίο παρουσίασε εν συντομία τις βασικές θεωρητικές του θέσεις. Μέσα σε αυτό παρουσιάζει μια οιονεί θρησκευτική, υπερφυσική πραγματικότητα, ένα αόρατο χέρι, το οποίο έχει τη δυνατότητα (μια δυνατότητα που δεν έχει ο άνθρωπος) να παρατηρεί διαχρονικά τις ανεπαίσθητες διαφορές του συστήματος της 'εξέλιξης' και να παρεμβαίνει μέσω της 'φυσικής επιλογής' για να διορθώνει τα πράγματα. Αυτό το ονομάζει νοήμων επιλογέα ("Intelligent selector"). Αλλά ακόμη και η Δαρβινική μετάλλαξη είναι αρκετά ακαθόριστο. Η τυχαία μεταβολή κατάστασης, η διακύμανση (random variation) στον Δαρβινικό κύκλωμα του νοήμονος επιλογέα (Intelligent selector) μας αποκλείει την γνώση της αιτίας της εμφάνισης μιας παρέκκλισης μέσα σε ένα πληθυσμό. Αλλά θα συζητήσουμε για αυτά σε άλλο σημείο του κειμένου.

Βέβαια οι σελίδες από τις οποίες πήρα τις λίγες φράσεις του Schrodinger προκάλεσαν σημαντικές συζητήσεις αλλά η πρόσφατη γνώμη του Nei[7] δείχνει ότι βασικά προβλήματα στο θέμα αυτό δεν

[7] Ο Δαρβίνος ποτέ δεν απέδειξε την εμφάνιση της φυσικής επιλογής. Ποτέ δεν έδωσε ισχυρές αποδείξεις για κάτι τέτοιο λέει ο Nei και συνεχίζει: Μετάλλαξη σημαίνει αλλαγή στο DNA για παράδειγμα μέσω νουκλεοτιδικής αντικατάστασης η παρεμβολής (substitution or insertion of nucleotides). Πρέπει πρώτα να γίνει αυτή η αλλαγή και ύστερα η φυσική επιλογή μπορεί να συμβεί, να εμφανιστεί η όχι. Η λαϊκιστική αντοχή του Δαρβινισμού στον χρόνο εξηγείται και από τον οξυδερκή χαρακτηρισμό του Nei: ' Στον νέο – Δαρβινισμό η εξέλιξη είναι μια διαδικασία βελτιστοποίησης της οργανικής ικανότητας (με την έννοια της δυνατότητας ενός οργανισμού να επιβιώνει και να αναπαράγεται). Αλλά στην θεωρία της εξέλιξης που

έχουν ξεπεραστεί, θέματα όπως πιο είναι το στοιχείο που προκαλεί τις μεταλλάξεις (mutagenic element) της ανθρώπινης λειτουργικότητας και πώς το στοιχείο αυτό αλλάξει την συχνότητα μεταλλάξεων (rate of mutation) και άλλα πιο βασικά θέματα όπως το αν το DNA καθορίζει τα πάντα όπως πιστεύει ο Nei κλπ.[8]

'Η φυσική επιλογή συμβαίνει καμιά φορά' λέει ο Nei **'επειδή μερικοί τύποι μεταλλαγών (variations) είναι καλύτεροι από άλλους'**. Αλλά τι σημαίνει 'καλύτεροι'? Πρέπει να εξαιρέσουμε νομίζω εδώ το (νέο) Δαρβινικό "διαδικασία βελτιστοποίησης της οργανικής ικανότητας" όπως είδαμε λίγο πιο πριν. Πρέπει να πάμε πίσω ξανά, να δούμε την ακολουθία σκέψης του Schrodinger για να βρούμε τι είναι αυτό το 'καλύτερο'. Έχω την εντύπωση ότι την απάντηση την δίνει ο Schrodinger στο βιβλίο του "Mind and matter" το οποίο γράφτηκε το 1956. Είναι ένα δύσθυμο βιβλίο, δεν έχει κάτι χαρούμενο όπως τα προηγούμενα 4-5 μικρά όπως αυτό βιβλία του, που όπως είπα ήταν κυρίως δημοσιεύσεις ομιλιών του. Ίσως να είναι και το τελευταίο βιβλίο του που εκδόθηκε πριν πεθάνει 5 χρόνια αργότερα.

βασίζεται στην μετάλλαξη η εξέλιξη είναι μια διαδικασία αύξησης η μείωσης της πολυπλοκότητας ενός οργανισμού. Γενικά πιστεύουμε ότι η φυσική επιλογή επιλέγει ένα χαρακτηριστικό (type). Αλλά στην πραγματικότητα υπάρχουν πολλά χαρακτηριστικά παραλλαγών (of variations), και είναι εντάξει, επιζούν, χωρίς κανένα πρόβλημα. Για παράδειγμα, αν τα μπλε μάτια ήταν καλύτερα για κάποιο λόγο στην Σκανδιναβία , αυτό το mutation έχει ένα επιλεκτικό πλεονέκτημα και φυσικά ύστερα αυτό το πλεονέκτημα θα εμφανίζεται περισσότερο σε αυτόν τον πληθυσμό. Αλλά πρώτα πρέπει να έχεις το mutation. Και η φυσική επιλογή δεν είναι τόσο ξεκάθαρη. Σε μερικές περιπτώσεις είναι, αλλά όχι πάντοτε. Η συχνότητα του γονιδίου των μπλε ματιών μπορεί να αυξήθηκε και τυχαία παρά με την φυσική επιλογή. Το μπλε χρώμα στα μάτια είναι το ίδιο αποτελεσματικό με το πράσινο. Και τα δυο βλέπουν' 16/3/2014, Discover Magazine

[8] Αλλά τον βλέπουμε να λέει: ' Αλλά ήταν δύσκολο να το αποδείξω ..σαράντα-πενήντα χρόνια μετά ακόμη προσπαθώ να το αποδείξω'. 16/3/2014, Discover Magazine

Για μεγάλο χρονικό διάστημα οι συνέπειες της 'εξέλιξης' για το μέλλον του ανθρώπινου είδους δεν απασχολούσαν ανοιχτά τους επιστήμονες που ακολουθούσαν τον Δαρβινισμό. Ακόμη και οι αγνωστικιστές, 'ανθρωπιστές'[9] (humanists) οπαδοί του δεν ασχολούνταν ανοιχτά με αυτό το θέμα. Υπήρχε ένας διαχωρισμός ανάμεσα στα επιστημονικά συγγράμματά τους, όπου δεν καταπιάνονταν καθόλου με το θέμα αυτό και σε μικρά συγγράμματά τους που απευθύνονταν στο ευρύ κοινό στα οποία ασχολούνταν λίγο με το θέμα. Ίσως -όπως ισχυρίζονται κάποιοι- αυτός ο διαχωρισμός και αυτή η αποφυγή να οφείλονταν στο 'κακό όνομα' που είχε αποκτήσει ο Δαρβινισμός από την χρήση των γραπτών του Herbert Spencer μέσα στα οποία η 'εξελικτική' θεωρία χρησιμοποιούνταν για την δικαιολόγηση της κατάργησης της κοινωνικής βοήθειας στους φτωχούς, στους φρενοβλαβείς, στους ανάπηρους, σε όλους γενικά που θεωρούνταν χαμένοι στον αγώνα για την επιβίωση[10].

Ίσως όμως ο Δαρβινισμός να μην έχει να πει ουσιαστικά τίποτα καινούργιο για τον ρόλο που έχουν τα μέλη ενός είδους στο να επηρεάζουν τις τάσεις της 'εξέλιξης'. Αυτή είναι και η άποψη του

---

[9] Βασικά νατουραλιστές όπως θα δούμε αργότερα.

[10] Και είναι γεγονός όμως ότι ύστερα από πιέσεις του Alfred Russell Wallace, ο οποίος είχε σκεφτεί την ίδια εποχή ανεξάρτητα από τον Δαρβίνο σχετικά όμοιες θεωρίες για την 'εξέλιξη' και την 'φυσική επιλογή' (τις οποίες σταμάτησε να αναπτύσσει ύστερα από την εμπλοκή του με τον πνευματισμό (πνευματισμός - spiritualism εκείνη την εποχή είχε πάρει μια πολιτική διάσταση 'ξεφεύγοντας' κάπως από την μαγεία) έβαλε στην εισαγωγή της πέμπτης έκδοσης του "Origin of the species" την φράση του Herbert Spencer: 'επιβίωση του ισχυρότερου'.
Ο Δαρβίνος το έκανε μάλλον αυτό για να προωθήσει σε διάφορους κύκλους τις απόψεις του. Η φράση αυτή μοιάζει να είναι 'εκτός κειμένου' στο βιβλίο του μια που όπως λέει και ο Richards (Robert I. Richards: "Darwin's Place in the History of Thought: a reevaluation". PNAS, June16, 2009) στον Δαρβίνο 'η φυσική επιλογή δεν λειτούργει με ένα αυτόματο η μηχανιστικό τρόπο, αλλά σαν μια νοήμων (intelligent) και ηθική δύναμη'.

Schrodinger για τον Δαρβινισμό : 'οι δραστηριότητες ενός είδους στην διάρκεια της ζωής του μοιάζει να μην έχουν καμιά σημασία για την βιολογία. Αλλά όμως βλέπουμε γύρω μας συνήθειες (των ζώων π.χ.) οι οποίες κληρονομούνται και αν αυτό δεν μπορεί να γίνει κατανοητό από τον ορθόδοξο Δαρβινισμό, τότε πρέπει να εγκαταλείψουμε τον Δαρβινισμό'[11]

Το 1956[12] ο Schrodinger βλέπει πως ο Δαρβινισμός είναι προβληματικός και θεωρεί ότι αν και δεν έχουμε δει ότι η 'αλλαγή συμπεριφοράς (behavioral change) μεταβιβάζεται στις επόμενες γενιές μέσω γονιδίων (genom) ούτε με άμεση κληρονομική μεταβίβαση', παρ' όλα αυτά 'αυτό δεν σημαίνει ότι δεν μεταβιβάζεται'. Παρατηρεί επίσης ότι είναι δύσκολο να δούμε αν κάποτε θα μπορέσουμε να ενσωματώσουμε τις αλλαγές συμπεριφοράς σε κάποιον μηχανισμό κληρονομικότητας.

Βλέπουμε, σχεδόν 60 χρόνια μετά, τον Nei να έχει βάλει σε δεύτερη θέση την 'φυσική επιλογή', δηλαδή μετά την μετάλλαξη και να προσπαθεί να βρει το μεταλλαξιογονο της ανθρώπινης πορείας, ένα πράγμα που θα απαντήσει στις αμφιβολίες του Schrodinger για την δυνατότητα της άμεσης κληρονομικότητας των αλλαγών συμπεριφοράς.

Ακόμη δεν έχουμε απαντήσει όμως στο τι σημαίνει '**καλύτερο**' στην φράση του Nei: 'μερικοί τύποι μεταλλάξεων είναι καλύτεροι από άλλους'

---

[11] Στο βιβλίο του "Mind and matter" που προαναφέραμε (University Press, University of Indiana, September 1958)

[12] ibid

Είδαμε προηγουμένως την ατολμία των Δαρβινιστών να ασχοληθούν με το θέμα του πώς μπορούμε να επηρεάσουμε τις τάσεις της εξέλιξης αν και κάτι τέτοιο είναι απαγορευμένο από τον Δαρβινικό 'νοήμονα επιλογέα'.

Ένας από τους πρώτους / ο πρώτος ίσως που το προσπάθησε, ήταν ο Julian Huxley. O Schrodinger αναφέρει πως πήρε την ιδέα για τα πιο κάτω από ένα βιβλίο του Huxley (μάλλον το Evolution, the Modern Synthesis' – 1942). Την ιδέα του Huxley ο Schrodinger την χαρακτηρίζει σαν 'παραποίηση της θεωρίας του Λαμάρκ' και την αποδίδει ως εξής: 'όταν οι αρχικές διακυμάνσεις, οι αρχικές μεταβολές δεν είναι πραγματικές μεταλλάξεις, δεν μπορούν να μεταβιβασθούν κληρονομικά, παρ όλα αυτά αν είναι επωφελείς (για κάποιο λόγο) μπορεί να ενισχυθούν από την **οργανική επιλογή** (organic selection) και να ανοίξουν τον δρόμο για **πραγματικές μεταλλάξεις οι** οποίες θα αξιοποιηθούν αμέσως, αν τυχόν προκύψει να εμφανιστούν **προς την επιθυμητή κατεύθυνση'**.

Τώρα εκτός από το **'μερικοί τύποι μεταλλάξεων είναι καλύτεροι από άλλους'** του Nei έχουμε και δύο νέα άγνωστα πράγματα: το **'πραγματικές μεταλλάξεις'** και το '**επιθυμητή κατεύθυνση'** των Schrodinger and Huxley.

Η 'οργανική επιλογή' δεν είναι παρά μια προσομοίωση όπου με ιδέες του Λαμάρκ προσπαθούν να συγκαλύψουν την αφωνία του Δαρβινισμού όσον αφορά τον ρόλο της ανθρώπινης δραστηριότητας στην εξέλιξη.

Πριν προχωρήσουμε πρέπει να περιγράψουμε κάτι για την παραγωγή των μεταλλάξεων, και για την παραγωγή της 'εξέλιξης'. Προτίμησα να κάνω μια αρκετά συμπυκνωμένη περίληψη της διαδικασίας που περιγράφει ο Schrodinger στο 'What is Life". Τα mutations είναι σπάνια γιατί η συχνότητα τους θα ήταν επιζήμια στην 'εξέλιξη'. Η μετάλλαξη είναι ένα κβαντικό άλμα, ανώθηση (lift) η οποία οδηγεί αν όχι σε πλήρη διάσπαση, τουλάχιστον σε μια ουσιαστικά διαφορετική διάρθρωση, σε μια διαφορετική κατανομή, διευθέτηση, των ίδιων ατόμων-σε έναν δηλαδή μοριακό ισομερισμό (isomeric molecule). Μια αλλαγή στην διαμόρφωση του ισομερούς σε κάποιο σημείο του μορίου μπορεί και να προέρθει από μια τυχαία διακύμανση, ταλάντωση δονητικής ενέργειας, αλλά αυτή είναι μια σπάνια περίπτωση που δεν καταφέρνει να δημιουργήσει ούτε καν τυχαίες (αυτογενείς) μεταλλάξεις. Οι τυχαίες (αυτογενείς) μεταλλάξεις μοιάζουν γενικά με τις ενδιάμεσες μορφές που εμφανίζονται στην διαδικασία παραγωγής του mutation. Το πιο λοιπόν εντυπωσιακό χαρακτηριστικό της μετάλλαξης είναι ότι εμφανίζεται με μορφή ευκαιριακής μεταβολής, τυχαίας κατάστασης, πριν ακόμη σταθεροποιηθεί[13].

---

[13] Το κείμενο αυτής της παραγράφου αποδίδεται στην αγγλική έκδοση αυτού του κειμένου ως εξής: "Mutation is rare since frequent mutations are detrimental to evolution. Mutation is a quantum jump, a 'lift' which leads, if not to a complete disintegration, at least to an essentially different configuration of the same atoms – an isomeric molecule, that is, a molecule composed of the same atoms in a different arrangement. An isomeric change of configuration in some part of a molecule can be also produced by a chance fluctuation of the vibrational energy, but these rare events are not even spontaneous mutations. Spontaneous mutations can be like the intermediate forms occurring in the process. Thus, the most amazing fact about mutations is that they are 'jumping' variations occurring before they become stable''

Μια που όπως λέει ακόμη και ο Linus Pauling¨: 'είναι λοιπόν δικαιολογημένο να πούμε ότι ο Schrodinger με την κυματική εξίσωση (wave equation) είναι ο βασικός υπεύθυνος για την μοντέρνα βιολογία'[14] ; όλοι τελικά ψάχνουν και δημιουργούν υποθέσεις για ένα υλοποιήσιμο κβαντικό άλμα, ανώθηση (lift) που προαναφέραμε. Και οι νέο –Δαρβινιστές πιστεύουν σε ένα ανάλογο 'lift': ''Ο νέο Δαρβινισμός ισχυρίζεται ότι η φυσική επιλογή είναι η κινητήρια δύναμη της εξέλιξης και ότι η μετάλλαξη απλά παρέχει ακατέργαστο γενετικό υλικό με το οποίο η 'φυσική επιλογή παράγει νέα, καινοφανή χαρακτηριστικά. Αυτή η άποψη βασίζεται στο επιχείρημα ότι η 'φυσική επιλογή' ενισχύει τις συχνότητες των πλεονεκτούντων αλληλόμορφων γονιδίων σε αρκετούς γενετικούς τόπους (frequencies of advantageous alleles at many loci) και με αυτό τον τρόπο τα ανασυνδυάζει σε μια συνιστώσα και παράγει ένα νέο, καινοφανές χαρακτηριστικό, ειδικά με την παρουσία της αλληλεπίδρασης μεταξύ των γονιδίων[15].

Μπορούμε τώρα να απαντήσουμε στο τι είναι οι '**πραγματικές μεταλλάξεις**'. Όπως είδαμε δυο παραγράφους πιο πριν, η πραγματική μετάλλαξη είναι αυτή που σταθεροποιείται, αυτό που παραμένει όταν σταματήσει η διαδικασία παραγωγής, η διαδικασία διακύμανσης ενδιαμέσων μορφών. Σε αυτή την φάση όπως είδαμε να λέει ο Nei μπορούμε να δούμε την εμφάνιση του φυσικής επιλογής η και οχι.

---

[14] Pauling, L., 1987 Schrodinger's contribution to chemistry and biology, in Schrodinger: Centenary Celebration of a Polymath, edited by C. W. Kilmister. Cambridge University Press, Cambridge

[15] Masatoshi Nei. "The new mutation theory of phenotypic evolution". Proceedings of the National Academy of Sciences of the United States (PNAS), July 24, 2007

Πως μπορεί να βοηθηθεί η "φυσική επιλογή" να επιλέξει κάτι το οποίο να κάνει την εμφανή την επιρροή των δραστηριοτήτων ενός είδους (species) πάνω σε αυτό?. Μια επιλογή που είναι να είναι η '**καλύτερη**' όπως λέει ο Nei και '**προς την επιθυμητή κατεύθυνση** ' όπως λέει ο Schrodinger?

Το "Mind and Matter" δίνει μια άποψη: 'Η φυσική επιλογή θα ήταν αδύνατο να εμφανίσει ένα νέο όργανο αν δεν είχε την βοήθεια του οργανισμού, δηλαδή το ότι ο οργανισμός θα μπορούσε να το οικειοποιηθεί, να το χρησιμοποιήσει, λέει ο Schrodinger. Και συνεχίζει ' η μετάδοση ωθούμενης συμπεριφοράς μέσω διδακτικής διεργασίας μπορεί να είναι ένας πολύ αποτελεσματικός παράγοντας στην φυσική επιλογή , επειδή ανοίγει την πόρτα στην λήψη μελλοντικών κληρονομικών μεταλλάξεων με ετοιμότητα βέλτιστης χρησιμοποίησης τους και τις οποίες (μεταλλάξεις) θα τις υποβάλλει σε μια εντατική διαδικασία επιλογής'[16].

---

[16] Το κείμενο του Schrodinger (στα αγγλικά) για αυτή την παράγραφο είναι: 'the transmission of the induced behavior 'by teaching' can be a highly efficient evolutionary factor, because it throws the door open to receive future inheritable mutations with a prepared readiness to make the best use of them and thus to subject them to intense selection"

ΡΕΥΣΤΟΤΗΤΑ ΦΥΛΟΥ (ΓΚΡΙΖΟΣΕΞΟΥΑΛΙΚΟΤΗΤΑ)

Ο Πατριάρχης Φώτιος Α΄ (810 μ.χ – 893 μ.χ) θεωρείται σαν ο πιο σημαντικός διανοούμενος της εποχής του και επίσης σαν ο δημιουργός του πολιτικού σχίσματος Ανατολής – Δύσης. Μόνο το ένα τρίτο της εργασίας του 'Βιβλιοθήκη' η 'Μυριοβιβλος' (Bibliotheca or Myriobiblon), μια συλλογή κείμενων και περιλήψεων (που έκανε ο ίδιος) από 280 τόμους Αρχαίων αλλά και Χριστιανών συγγραφέων ασχολείται με δογματικά θρησκευτικά θέματα στο υπόλοιπο συνοψίζει βιβλία που ουσιαστικά ασχολούνται με 'την κοινή φύση του ελληνικού γένους'.

Στην Βιβλιοθήκη ο Φώτιος παρουσιάζει ένα αποσπάσματα από μια δουλειά του Διόδωρου επισκόπου Ταρσοῦ (πέθανε γύρω στο 390 μ.Χ). Οι χριστιανοί κατά τον Διόδωρο ήταν ένα νέο γένος που παρουσιάστηκε 400 χρόνια πριν από αυτόν και βοήθησε στο να επικρατήσει η ευσέβεια και ο νόμος ενοποιώντας γύρω στα τριακόσια έθνη κάτω από την κυριαρχία των Ρωμαίων.

Οι ζηλωτές χριστιανοί το πίστευαν πραγματικά αυτό. Η έννοια του γένους δεν διαφέρει από την σημερινή, βλέπει κανείς συχνά εκφράσεις στον Διόδωρο όπως 'του αυτού γένους έθνος' κλπ, άλλωστε η θεωρία της παγγένεσης' (pangenesis)[17] δεν άλλαξε καθόλου από τον Ιπποκράτη,

---

[17] Η θεωρία της 'παγγένεσης' (δηλαδή ότι το σπερματικό υγρό προέρχεται από όλα τα μέρη του σώματος) αναφέρεται από τον Δημόκριτο και ήταν η επικρατέστερη από την άποψη του Αλκμέωνα (εγκέφαλο μυελογενες-encephalo-myelogenic) και του Παρμενίδη (αιματογενες- haematogeneous). Ο Δαρβίνος χρησιμοποίησε το 'pangenesis' για να δείξει την συσχέτιση της άποψης του με την αρχαία άποψη.

τον Γαληνό μέχρι και τον Δαρβίνο τουλάχιστον (Ο Διόδωρος είχε σπουδάσει φιλοσοφία στην Αθήνα)

Το πώς οι φανατικοί χριστιανοί ενώ γνώριζαν τα βασικά σημεία του pangenesis[18], κατέληξαν στην εμφάνιση του γένους των χριστιανών θυμίζει πολύ την άποψη του Δαρβίνου για τον 'νοήμονα επιλογέα' (intelligent selector) που προαναφέραμε και την οποία θα αναπτύξουμε πιο κάτω, όπως και τις απόψεις των μη δυαδικών ταυτοτήτων (non-binary), η των πολύφυλων (multi-gender) - καμιά φορά πάνω από 30 φύλα- η του οποιουδήποτε παρόμοιας ονομασίας δόγματος τέλος πάντων.

''Το πιο καυτό πράγμα είναι να είσαι αμφίβολου φύλου (pansexual, genderqueer, non-binary or asexual) αναφέρει ένα περσινό άρθρο[19]. Ένας άλλος όρος είναι φυσικά το γκριζο-σεξουαλικός (grey sexual)[20] ; και συνεχίζει : 'είναι ξαφνικά παράπτωμα να καθορίζεις την ταυτότητα σου έχοντας σαν βάση την σεξουαλική έλξη. Δίνεται μια έμφαση στην απομάκρυνση από την σεξουαλική έλξη προς την 'ταυτότητα φύλου'[21] (στο μέλλον, ίσως οι άνθρωποι θα καθορίζουν την ταυτότητα τους ανάλογα με τις γαστρονομικές προτιμήσεις τους- αλλά κάτι τέτοιο ίσως να έχει αρχίσει να συμβαίνει ήδη)''.

---

[18] Διαφωτιστικό για το θέμα του pangenesis είναι επίσης το άρθρο του Christopher Kuzawa: 'Why evolution needs development, and medicine needs evolution, International Journal of Epidemiology , 2012, vol. 41 (pg. 223-29)

[19] 'Being gay is passé', Ofry Ilani, Haaretz 7/6/18

[20] Ibid: 'Ένα δημοφιλές περιοδικό ομοφυλόφιλων επεσήμανε ότι το 2018 θα είναι η χρονιά της γκρίζο-σεξουαλικότητας (δηλαδή των ατόμων που διεγείρονται σεξουαλικά αλλά δεν θέλουν να εμπλακούν στην σεξουαλική διαδικασία)'

[21] Ο εσωτερικός και προσωπικός τρόπος με τον οποίο το ίδιο το πρόσωπο βιώνει το φύλο του

Όπως και να το ονομάσουμε, το δόγμα αυτό ουσιαστικά υπονοεί και πιστεύει στην παραγωγή ενός νέου φύλου, ενός νέου γονότυπου μιας νέας γενετικής συγκρότησης. Και αυτό είναι αποτέλεσμα μιας μη επιστημονικής σκοπιμότητας η οποία αφαιρει όλες τις βιολογικές προοπτικές από τις κοινωνικές (τουλάχιστον) επιστήμες και τις αντικαθιστά με επινοήσεις παρμένες από την 'κουλτούρα'. Είναι επίσης αποτέλεσμα του Δαρβινισμού και άλλων παραγόντων που θα εξετάσουμε πιο κάτω.

Παρ-όλες τις επιστημονικές της ατέλειες (οι οποίες βέβαια δεν ήταν φυσικά φανερές σε αυτούς που δεν ήταν σχετικοί με τα θέματα αυτά όπως οι κοινωνικοί 'επιστήμονες' κλπ) μια εκδοχή του Δαρβινισμού κυριαρχούσε μέχρι το 1930. Η εκδοχή αυτή μετέτρεψε τις επιστημονικές αναζητήσεις σε έναν ανταγωνισμό ρητορικών, πολιτικών και φυλετικών σκοπιμοτήτων οι οποίες από την μια μεριά μπορεί να πει κανείς ότι δεν είχαν καμιά σχέση με την ουσία και τα προβλήματα της Δαρβινικής θεωρίας αλλά από την άλλη μπορεί να ισχυριστεί ότι οφειλόταν στα κενά και την 'φιλολογική' χροιά της Δαρβινικής θεωρίας. Το ότι η γενετική αιτιοκρατία (genetic determinism), το να θεωρείς δηλαδή ότι αρκετοί πληθυσμοί έχουν υποδεέστερο γονότυπο (genotypes) - πράγματα δηλαδή που συζητιόταν για αιώνες πριν τον Δαρβίνο- αποδόθηκαν στην Δαρβινική φιλολογία βασίζεται σε μια μη επιστημονική σκοπιμότητα η οποία οδήγησε από το 1930 και μετά τις κοινωνικές επιστήμες μέσα από τις προτεραιότητες του ανθρωπολόγου Franz Boas (1858-1942) της σχολής του και άλλων παραγόντων: Σχολή της Φρανκφούρτης, Κριτική Θεωρία, Μεταμοντερνισμός (Frankfurt School, Critical Theory, Postmodernism), στην αντικατάσταση των επιστημονικών όρων που σχετίζονται με την 'εξέλιξη' με επινοήσεις παρμένες από την 'κουλτούρα'. Αντί λοιπόν για γονίδια έχουμε την κουλτούρα και τα αποτελέσματα των περιβαλλοντολογικών επιρροών.

Αλλά όπως είπαμε, εκτός από την κουλτούρα έχουμε συν τοις άλλοις και τον Δαρβινισμό που έπαιξε και αυτός τον ρόλο του στην διαμόρφωση του νέου δόγματος. Είναι γενικά αποδεκτό πλέον ότι ο Δαρβίνος ουσιαστικά προσπάθησε να θεμελιώσει την 'κοινή καταγωγή' (common ancestry). Ο Δαρβίνος νόμισε, γράφει ο Richards στο άρθρο του που προαναφέραμε, πως είχε ισχυρές αποδείξεις για την κοινή καταγωγή: και αν πιστεύει κανείς στην 'κοινή καταγωγή' συνεχίζει ο Sober[22],' ''αυτό είναι αρκετό να του δείχνει ότι τα αξεπέραστα όρια-τείχη- ανάμεσα στα διαφορετικά είδη είναι ένας μύθος αν τα διάφορα είδη έχουν έναν κοινό πρόγονο, οι γενεαλογικές γραμμές δεν αντιμετώπισαν κανένα όριο (τοίχο) στην εξέλιξη τους. Και το θέμα της 'κοινής καταγωγής' δεν σχετίζεται καθόλου με την 'φυσική επιλογή'. Έχουμε ήδη συζητήσει για το ότι η Δαρβινική 'μετάλλαξη' είναι αρκετά ακαθόριστη. Και όπως λέει και ο Sober τα προβλήματα που είχε ο Δαρβίνος με την 'μετάλλαξη' δεν ήταν απλά η παραδοχή της άγνοιας του για αυτό το θέμα, αλλά το ότι οι γενετικές μεταβολές θα ήταν χρησιμοποιήσιμες τον ίδιο τον οργανισμό (!). Δηλαδή με αυτό τον τρόπο ο οργανισμός θα ξέφευγε από τον έλεγχο του νοήμονος επιλογέα (Intelligent Selector) και ο Δαρβίνος δεν ήθελε κάτι τέτοιο.

Η ιδέα της 'κοινής καταγωγής' " και η ιδέα ότι η 'φυσική επιλογή' γίνεται από κάποιον 'νοήμονα επιλογέα' θυμίζει πολύ -και άλλωστε έτσι

---

22 Elliot Sober "Origin Backwards" PNAS (Proceedings of the National Academy of Sciences of the United States of America), June 16, 2009

ερμηνεύτηκε από 'προχωρημένους' χριστιανούς συγγραφείς της εποχής- με θεϊκή παρέμβαση (βέβαια ο Δαρβίνος δεν καθόρισε την απαρχή της 'κοινής καταγωγής', η οποία θα μπορούσε να είναι και κτηνώδης, αλλά και αυτό θα ήταν αποδεκτό φαντάζομαι από κάποιο τμήμα της Βικτωριανής κοινωνίας)

Εκτός από τις Δαρβινικές αφετηρίες του, παρουσιάσαμε επίσης (περιληπτικά) και τον ρόλο που παίζει στην απαίτηση των γκριζο-σεξουαλικών για μια νέα γενετική συγκρότηση, αυτό που αποκαλούμε 'μη επιστημονική σκοπιμότητα' (η 'πολιτική σκοπιμότητα').

Φυσικά ο Μαρξισμός είναι ένα από τα βασικά στοιχεία αυτής της ατζέντας, αλλά πρέπει να έχουμε υπ' όψιν μας ένα από τα άλλα όχι και τόσο γνωστά συστατικά της. Από την εποχή του Thomas Huxley[23], φίλου και προπαγανδιστή του Δαρβίνου (και παππού του άλλου Huxley που έχουμε ήδη αναφέρει σε αυτό το άρθρο), αλλά και από τον ίδιο τον Δαρβίνο, ένας περίεργος όρος του νατουραλισμού: το **'οργανικό'** (organic; με την χροιά του έμβιου). Το 'οργανικό' είναι ένα concept που χρησιμοποίησε πάρα πολύ και ο Μαρξ (1818-1883): 'οργανικοί σύνδεσμοι εμφανίζονται σε όλα τα κοινωνικά και φυσικά συστήματα' οικειοποιήθηκε από τον Νεοδαρβινισμό και μαζί με την εισαγωγή μπόλικης 'οντολογίας' έγινε η αιτία του να 'μπερδευτούν' τα πράγματα. Για την περιγραφή αυτού του 'οργανικού' θα έπρεπε να λάβουμε υπ όψιν την ανυπαρξία του στην αρχαία ελληνική σκέψη, την σταδιακή εισχώρηση του σε ένα μέρος αυτής της σκέψης και την οριστική διαμόρφωση του γύρω στο 1850 με την παραγωγή της λεγόμενης

[23] Thomas Huxley, "Evolution and Ethics", The Romanes Lecture, 1893

ρομαντικής σχολής η οποία γρήγορα ταυτίστηκε με τον γερμανικό νατουραλισμό.

Συγγραφείς κλειδιά στην εξέλιξη αυτής της ιδεολογίας ήταν οι Friedrich Schiller (1759-1805); Goethe (1749-1832); Alexander von Humboldt (1769-1859). O Thomas Spencer συνοψίζει καλά μερικές όψεις του λεγόμενου ρομαντισμού στην ανασκόπηση ενός βιβλίου του Richards[24] (με τον οποίο έχουμε ήδη καταπιαστεί και εμείς σε αυτό το κείμενο). Γράφει λοιπόν ότι ο 'ιδεαλισμός του Schelling κατασκευάζει ένα κόσμο μέσα στον οποίο η διανόηση (mind) και η φύση είναι συσχετιζόμενες οντολογικά εκφάνσεις μιας υπέρτατης, απόλυτης αρχής πάνω από αυτές. Αυτή η οντολογική σχέση σημαίνει ότι το να μελετάς την φύση είναι κάπως σαν να μελετάς την διανόηση (mind) και τανάπαλιν. O Thomas Spencer σημειώνει επίσης ότι: 'με το να δίνει έμφαση στην μίμηση του Alexander von Humboldt από τον Δαρβίνο και με το να δείχνει ότι ο Δαρβίνος στηρίζεται σε οργανικές και τελεολογικές[25] μεταφορές ο Richards επιβεβαιώνει ότι η Δαρβινική 'εξέλιξη' είναι η κορυφαία διατύπωση της ριζοσπαστικής κοσμικής θρησκευτικότητας που συσχετίζουμε με τον ρομαντισμό ... O θεός δεν εκδιώχτηκε από τους φυσικούς νόμους αλλά απορροφήθηκε από αυτούς'.

---

24 Reviewed by Thomas Spencer (University of North Carolina at Chapel Hill) Published on H-German (March, 2005): Robert J. Richards. The Romantic Conception of Life: Science and Philosophy in the Age of Goethe. Chicago: University of Chicago Press, 2002.

25 Εξήγηση των φαινομένων ανάλογα με τον σκοπό που εξυπηρετούν αντί για τον λόγο για τον οποίο εμφανίζονται.

O Alexander von Humboldt που έχει ξεχαστεί πια σήμερα, ήταν μια από τις πιο φημισμένες μορφές της μοντερνιστικής επιστήμης και εκτός από τον Δαρβίνο που παραδέχτηκε πολλές φορές το ότι είναι υπόχρεος στον Humboldt, και τον θαυμασμό στην δουλειά του, πολλοί άλλοι όπως ο Simón Bolívar, Goethe, Friedrich Schiller, o Napoléon Bonaparte εκφράστηκαν με θαυμασμό για την δουλειά του.

Η δουλειά του ενεθάρρυνε μια ολιστική αντίληψη του σύμπαντος σαν μια διαδραστικη οντότητα. Ήταν ο πρώτος που περιέγραψε αυτό που αποκάλεσε ανθρωπογενής κλιματική αλλαγή. 'Εικασίες για την ιδιωτική ζωή του Humboldt (ότι ήταν δηλαδή ομοφυλόφιλος) εξακολουθούν να διχάζουν τους μελετητές του, μια που οι αρχικές βιογραφικές μελέτες τον χαρακτήριζαν σαν ασεξουαλικό, σαν μια 'ασεξουαλική σαν τον Χριστό φιγούρα, κατάλληλη να χρησιμοποιηθεί σαν εθνικό σύμβολο'[26]

Παρ όλες τις ειρωνείες του Dostoyevsky[27] για τους 'άνδρες που είναι σαν τον Σίλερ' (Schiller like men), τους 'αστείους αλά Σίλερ τύπους' (Schillerish funny fellows), για τις 'αριστοκρατικές αλά Σίλερ καρδιές' (Schilleresque noble hearts), κλπ η ιδεολογία αυτή συνεχίστηκε σε διάφορες εκδοχές της μέσα από τις **'οργανικές μεταφορές'** (organicism) που προαναφέραμε, με τον Μαρξισμό και τον γερμανικό Naturphilosophie (φύση –φιλοσοφία).

---

[26] 'Alexander von Humboldt, A Metabiography' Nicolaas A. Rupke; University of Chicago Press, 2008

[27] See: 'Crime and Punishment' (1866) and 'The Permanent Husband' (1870)

Το Naturphilosophie του Schelling, του Goethe, κλπ δεν είναι τίποτα άλλο παρά η 'φιλοσοφική' αναπαραγωγή παραδοσιακών Γερμανικών μυθοπλασιών. Επηρεάστηκε από αυτές και τις διεύρυνε. Συνέπεσε χρονικά με τα αγροτικά και το εθνικολαικα κινήματα στην Γερμανία τα οποία προσδιορίζονταν από μια 'αίμα και χώμα' ρητορική. Και το Naturphilosophie και τα κινήματα που προαναφέραμε επηρέασαν πολύ το μεγάλο κίνημα 'μεταρρύθμιση του τρόπου ζωής' (Lebensreform) στα τέλη του 19^{ου} –αρχές του 20^{ου} αιώνα στην Γερμανία. Το κίνημα αυτό περιελάμβανε εκατοντάδες ομάδες (από όλο το πολιτικό φάσμα) που πειραματίζονταν και προωθούσαν την οικολογία, υγιεινή, σωματική ευεξία, χορτοφαγία και μια γενικότερη 'επιστροφή στην φύση' (Nacktkultur).

Θα ήταν χρήσιμο να δούμε το πώς ο Paul De Mann[28] αναλύει και βλέπει τις δραματικές επιπτώσεις αυτής της σκέψης μέχρι και την δεκαετία του 1970-1980 στην λογοτεχνία και φιλοσοφία (για τις επιπτώσεις της στην πολιτική πολύ λίγες εργασίες –εκτός φυσικά από τις σχέσεις της με τον ναζισμό-υπάρχουν μέχρι σήμερα)

Μια που μιλήσαμε για τις 'οικολογικές' κλπ συνιστώσες του Humboldt, της ρομαντικής φιλοσοφίας, του γερμανικού Naturphilosophie (φύση-φιλοσοφια) το οποίο δεν έχει σχέση με την αρχαία Ελληνική φιλοσοφία της Ιωνίας (όπως διατείνονται αυτοί που προσπάθησαν μέσω αυτού του Naturphilosophie να μετατρέψουν τα θεμέλια των φυσικών επιστημών) ας σημειώσουμε ότι κάθε μεσσιανικό δημιούργημα (όπως

[28] Για παράδειγμα στο βιβλίο του 'Aesthetic Ideology' University of Minnesota Press, 1996

και το 'organic'/ 'organicism' που προαναφέραμε) σχετίζεται και με ακραία περιβαλλοντική ανησυχία: ο ρόλος που έπαιξαν οι μεγάλες φυσικές καταστροφές εκείνης της εποχής (οι οποίες ήταν ακραίες μέχρι το 230 μΧ.) στην εξάπλωση του Χριστιανισμού είναι αρκετά γνωστή άλλωστε.

Είδαμε λοιπόν μερί τώρα στο δεύτερο κεφάλαιο μια συνέχεια που οδηγεί χωρίς αμφιβολία στην οιονεί θρησκευτική οπτική των γκριζοσεξουαλικων (η των non-binary-άτομα που δεν πιστεύουν στον διαχωρισμό των φύλων δηλαδή): την εμφάνιση του γένους των χριστιανών; τον οιονεί θρησκευτικό 'νοήμονα επιλογέα' του Δαρβίνου (ο οργανισμός δεν πρέπει να ξεφεύγει από τον έλεγχο του 'νοήμονος επιλογέα'); τις απόψεις για την 'κοινή καταγωγή' του Δαρβίνου μια ανάλυση των οποίων μας δείχνει ότι οι γενεαλογικές γραμμές των διαφόρων ειδών δεν αντιμετώπισαν κανένα όριο (κανένα αξεπέραστο τοίχο ανάμεσα στα είδη); την εξέλιξη τους τον ρομαντισμό που κορυφώθηκε με το γερμανικό Naturphilosophie και την εξάρτηση της από την οικολογία, υγιεινή, σωματική ευεξία, χορτοφαγία και μια γενικότερη 'επιστροφή στην φύση'; την κομβική σημασία του Alexander von Humboldt και την εξάρτηση του από τελεολογικές και οργανικές μεταφορές και την 'ασεξουαλική, σαν του Χριστού φιγούρα του'; τις 'οργανικές μεταφορές' που στηρίζουν τον Μαρξισμό; την ουσιαστική απόρριψη της επιστημονικής σκοπιμότητας από τους Franz Boas, Frankfurt School, Κριτικής Θεωρίας (critical theory), Μεταμοντερνισμού (postmodernism) οι οποίες όπως είπαμε έβγαλαν την βιολογία από τις κοινωνικές επιστήμες και την αντικατέστησαν με την κουλτούρα και τα αποτελέσματα των περιβαλλοντολογικών επιρροών.

Πριν συνεχίσω θα ήθελα να δώσω ένα άλλο σχετικό παράδειγμα από ένα περίεργα παραφυσικό η υπερφυσικό χαρακτηριστικό της γονιδιωματικής ιατρικής (genomic medicine) των Harry Noler, της Frances H. Arnold κ.λπ. που παραμένουν μέσα στα πλαίσια του Δαρβινισμού-Νεοδαρβινισμού. Είναι αυτό που ονομάζω 'Δαρβινικό τρικ': δηλαδή μπορεί να μην κατανοούμε ένα παρών στάδιο αλλά θεωρούμε ένα (υποτιθέμενο) επόμενο στάδιο σαν ένα αποδεκτό αποτέλεσμα της (νεο) Δαρβινικής εξελικτικής διαδικασίας! Νομίζω ότι αυτή η αντιμετώπιση προκαλεί προβλήματα στην επιστημονική μέθοδο. Αρκετά χρόνια πιο πριν, το 2005 είχα γράψει ένα κείμενο ενάντια σε καποιο άρθρο της Frances H. Arnold[29] η οποία πήρε το Nobel Χημείας το 2018, για ακριβώς αυτή τη μέθοδο! Δεν είναι να απορεί κανείς για αυτή την διαδικασία. Είδαμε προηγουμένως ότι δεν υπάρχουν αξεπέραστα όρια-τείχη- ανάμεσα στα διαφορετικά είδη και ότι οι γενεαλογικές γραμμές δεν αντιμετώπισαν κανένα όριο (τείχο) στην εξέλιξη τους στην Δαρβινική θεωρία. Άρα οτιδήποτε μπορεί να εξελιχθεί σε οτιδήποτε. Άρα οι Arnold κ.λπ. θεωρούν ότι αυτό που βλέπουν μπροστά τους είναι σίγουρα αποτέλεσμα κάποιου άλλου ή κάποιας επεξεργασίας την οποία αγνοούν.

Αλλά ας ξαναγυρίσουμε στους γκριζοσεξουαλικους. Ο τρανσεξουαλισμός-μια από τις τάσεις που περιέχονται στο νέο δόγμα- αλλά και άλλες, ήταν παρούσες και στον χριστιανισμό. Η χριστιανική θεωρία ήταν βέβαια ενάντια σε αυτές τις καταστάσεις, αλλά η μεγάλη desire, ο τρανσεξουαλισμός που παράγει η περιοχή που τον γέννησε μεταφέρθηκε στην Χριστολογία, στους τρόπους των μοναχικών ύμνων

29 "Directed Enzyme Evolution" (Frances H. Arnold Research Group, CALTECH)

κ.λπ. Παρ' ότι υπάρχουν πολλές ομοιότητες ανάμεσα στο σημερινό κίνημα και τον χριστιανισμό, ο Χριστός δεν ήταν ο πρώτος διαφυλικός άνθρωπος όπως διατείνονται άρθρα από προπαγανδιστές του νέου δόγματος[30] αλλά ουσιαστικά απορρόφησε αυτές τις διαθέσεις (μεσανατολικές αρχικά, αρκετές φορές απλά φετιχιστικές). Οι οποιεσδήποτε γκριζοσεξουλικες κινήσεις κρυβόταν μέσα στην θρησκεία, την τέχνη κλπ. Το σημερινό κίνημα, στοχεύει την εξουσία (και έχει αρκετά κεφάλαια για να το καταφέρει).

Έχουμε αναφέρει μέχρι τώρα αρκετές θέσεις, μη επιστημονικές σκοπιμότητες και αοριστίες πάνω στις οποίες θα μπορούσε να στηριχτεί το γκριζοσεξουαλικο κίνημα όπως για παράδειγμα την Δαρβινική άποψη ότι δεν υπάρχουν αξεπέραστα όρια-τείχη- ανάμεσα στα διαφορετικά είδη ας ασχοληθούμε λίγο και με αυτό το θέμα. O Nei είναι ένας από τους λίγους ειδικούς σήμερα που προσπαθεί να φύγει από αυτόν τον κυκεώνα αοριστίας.

Αυτό όμως είναι ασύμβατο επικίνδυνο με την παρούσα πολιτική ορθότητα για πολλούς λόγους. Ένας από αυτούς για παράδειγμα είναι ότι δείχνει ότι υπάρχει βιολογική βάση στην φυλετική ταξινόμηση του ανθρώπινου είδους. Η ύπαρξη των φυλετικών ορίων δεν είναι απλά μια αναπάντεχη Δαρβινική παρουσία η οποία πολύ πιθανόν να είναι απλά ένα 'Δαρβινικό τρικ' το όποιο μπορεί να ερμηνευθεί σαν μια κοινωνική κατηγορία χωρίς φυλετική σημασία. Σε αντίθεση με αυτή την οπτική ο Nei στο άρθρο του 'The root of phylogenetic Tree of Human

[30] Huffington post, Suzanne DeWitt Hall, Jesus: The First Transgenderman, 18 May 2016

Populations'[31] αναλύει αυτά τα όρια-τείχη που σύμφωνα με την Δαρβινική θεωρία δεν υπάρχουν και καταλήγει σε ένα διαφορετικό συμπέρασμα: 'ακόμη και μέσα σε μια ήπειρο υπάρχουν τοπικά όρια-τείχη και αυτά τα όρια παράγουν πολύ διαφορετικά είδη μέσα στην πορεία της εξέλιξης'

Αλλά όμως αυτό είναι φυλετική βιολογία γράφει η Stephanie Mallia Fullerton[32] . Στο κείμενό της η Fullerton αφού αναφέρεται στο συγκεκριμένο άρθρο του Nei προσπαθεί να πείσει, να συμβουλέψει την 'φιλοσοφική κοινότητα' –στην οποία η ίδια ανήκει- και που ο στόχος της είναι η επίθεση και λογοκρισία σε όσα κείμενα της βιολογίας θεωρούνται ότι παραβαίνουν τους κανόνες της νέας θρησκείας, λέγοντας ότι σχεδόν όλες τις φορές οι λογοκριτές δεν ξέρουν το θέμα που διαβάζουν ή δεν το μεταφέρουν σωστά. Αναφέρεται μάλιστα σε σημαντικά λάθη αρκετών από τα μέλη αυτής της κλίκας (όπως π.χ. τον γραφικό Kwame Antony Appiah κ.λπ.).

'Είναι φανερό από πού πηγάζει η άγνοια μας για την βιολογική διάσταση της έννοιας της φυλής (race)' γράφει η Fullerton 'από την σκόπιμη απόφαση να αρνούμαστε την προεξέχουσα σημασία της επιστημονικής πρακτικής η οποία αντικρούει τα συμπεράσματα που προτιμάμε'. Δηλαδή το ότι η επιστημονική πρακτική αντικρούει το 'δεν υπάρχει βιολογικό υπόβαθρο στην φυλή (race)'.

---

31 Masatoshi Nei and Naoko Takezaki, Journal of the Society for Molecular Biology', January 1996

32 Stephanie Mallia Fullerton: 'On the absence of Biology in Philosophical considerations of Race' in 'Race and Epistemologies of Ignorance', State University of New York Press, Albany 2007

Η μη γνώση είναι όμως επικίνδυνη για τον αντιρατσιστικό αγώνα λέει η Fullerton, 'γιατί αφήνει τους γενετιστές και άλλους επιστήμονες να κατασκευάζουν εκτιμήσεις ομοιοτήτων και διαφορών μόνο με βιολογικούς όρους'[33] και παρατηρεί ότι η φιλοσοφική(!) λογοκρισία του κύκλου της κάνει τους επιστήμονες να χρησιμοποιούν αντί για την 'φυλή', τον 'λιγότερο πολιτικά φορτισμένο' όρο "πληθυσμός (population)'. Η παρατήρησή της αυτή είναι σωστή, αφού βλέπουμε τον Nei να προσπαθεί να αποφύγει την λογοκρισία της νέας θρησκείας χρησιμοποιώντας στο κείμενο που προανέφερα, αρκετή 'υπόγεια' ορολογία και πρακτική, για παράδειγμα: 'ενδιαφερόμαστε να ανιχνεύσουμε την διαδρομή της εξέλιξης των ανθρώπινων πληθυσμών χρησιμοποιώντας πληθυσμούς με μακρινή συγγένεια από όλο τον κόσμο και με αυτόν τον τρόπο αποφεύγουμε την επίδραση των τοπικών γονιδιακών ροών όσο το δυνατόν περισσότερο'.

[33] Από διαπιστώσεις σαν αυτές της Fullerton οι οποίες δείχνουν την φοβία του νέου δόγματος απέναντι σε όσους εξασκούν σωστά την γενετική, ξεκίνησε μια υποχώρηση. Η νέα τοποθέτηση που φυσικά δεν έχει γίνει αποδεκτή από τους ζηλωτές του κινήματος είναι η αποφυγή της 'πίστης' σε μια νέα γενετική συγκρότηση, στην παραγωγή ενός νέου φύλου κλπ αλλά στον ρηχό ορισμό του ρευστοφυλου σαν την έντονη και διαρκή δυσφορία του ατόμου για το βιολογικό του φύλο και την επιδίωξη της αναγνώρισης του 'κοινωνικού φύλου' του.

ΕΠΙΣΤΡΕΦΟΝΤΑΣ ΣΤΗΝ ΕΠΙΣΤΗΜΗ

Οι αντίπαλοι του κινήματος των γκρίζο-σεξουαλικών, αναρωτιούνται για το πόσο καιρό ακόμη οι 'ελίτ' που προωθούν αυτό το ιδεολογικό δόγμα από το οποίο έχουν τόσο μεγάλα πολιτικά οφέλη θα μπορούν να αντιστέκονται στα πορίσματα της γενετικής επιστήμης. Οι 'ελίτ' όμως δεν έχουν αντίπαλο. Οι αντίπαλοι τους είναι μόνο το αυτοδίδακτο κοινό και αρκετοί βέβαια γενετιστές οι οποίοι είναι απομονωμένοι από όλα (ή σχεδόν όλα) τα πανεπιστήμια και ερευνητικά κέντρα της Δύσης. Η καταστολή εξυπηρετεί καλά διάφορα πολιτικά σχέδια αλλά και την διάδοση του αντιεπιστημονικού όρου της ''φαντασιακής φυλετικής συνέχειας '' τον οποίο προωθούν και προωθούσαν για καιρό οι πρόδρομοι της νέας θρησκείας[34].

Βλέποντας αυτή τη νέα επιθετική 'Χριστολογία' (ο Χριστός αντικαθίσταται από την 'ρευστότητα φύλου' ψύχωση) τα πιο συνηθισμένα επιχειρήματα που παραθέτουν οι αντίπαλοί της νέας θρησκείας είναι ότι είναι αντιεπιστημονική; ότι νοθεύει τις αρχέγονες φυσικές δυνάμεις, και κάτι τέτοιο δεν θα τελειώσει σωστά για τους οπαδούς της νέας ψύχωσης γιατί η φύση είναι πιο δυνατή από τον φανατισμένο αυτόν όχλο. Θα πρέπει όμως να είμαστε προσεκτικοί με τις αναφορές στην φύση, μια που είδαμε ήδη μερικά από τα φαινόμενα που γέννησε η γερμανική ρομαντικο-νατουραλιστική παράδοση η όποια γέννησε αρκετές άλλες επικίνδυνες καταστάσεις όπως την Artaman

[34] Ενώ οι πρόδρομοι και οι προπαγανδιστές της νέας θρησκείας είναι ενάντια στην φυλετικής συνέχειας δεν έχουν πρόβλημα να υποστηρίζουν επιλεκτικά την φυλετική συνέχεια σε συγκεκριμένες περιπτώσεις.

League, τον Χίτλερ και τον Robert Havemann. Μια καταφυγή στην επιστήμη και όχι στην 'φύση' θα ήταν καλύτερη.

Η επιστήμη όμως, παρά την διαίσθηση του Schrodinger, τις προσπάθειες του Nei και πολλών άλλων δεν έχει ακόμα καλύψει τα τεράστια κενά της θεωρίας της εξέλιξης. Είδαμε πιο πριν τον Nei να δηλώνει πως παρόλη την προσπάθεια 40-50 χρόνων ακόμη δεν κατάφερε να καλύψει εντελώς τα κενά.

Τα κενά στην δαρβινική θεωρία αλλά και στις αντίπαλες βιολογικές θεωρίες (όπως του Nei κ.λπ.) είναι η άγνοια του μεταλλαξιογονου της ανθρώπινης λειτουργικότητας, η έλλειψη νέων πηγών βιολογικής πληροφορίας. Μεμονωμένες μεταλλάξεις οδηγούν σε μακρο-μεταλλάξεις δηλαδή σε μεγάλες και περίπλοκες αλλαγές. Εκατοντάδες χιλιάδες μεταλλάξεις χρειάζονται για να εμφανιστεί μια καινούργια ζωική τάξη (order), και δεν ξέρουμε ακόμη πώς γίνεται αυτό.

Είδαμε λοιπόν μέχρι τώρα στο μικρό αυτό κείμενο στοιχεία των βασικών θεωριών της εξέλιξης –σχετικά με το θέμα του κειμένου- είδαμε δηλαδή τον Δαρβινισμό, την θεωρία της μετάλλαξης (μεταλλαξιγένεση- mutationism), τον νέο-Δαρβινισμό και την νέα θεωρία τη μετάλλαξης (neo-mutationism). Για τους λόγους που σε κάποιον αρέσει κάτι περισσότερο από κάτι άλλο, νομίζω πως η δουλειά του Nei είναι αυτή τη στιγμή το καλύτερο όχημα για να καλυφθούν αρκετά από τα κενά στην θεωρία της εξέλιξης (αν η εξέλιξη φυσικά εκδηλώνεται με τους τρόπους που έχουν αναπτυχθεί μέχρι τώρα). Τα βιβλία του "Mutation driven evolution"[35] αλλά και το "The new mutation theory of phenotypic evolution"[36] έχουν προχωρήσει αρκετά. Η βασισμένη στην μετάλλαξη θεωρία της εξέλιξης (mutation-driven evolution) μπορεί να εξηγήσει πιο ρεαλιστικά και πολύ πιο λογικά, βιολογικά, και την εξέλιξη των φαινοτύπων (phenotypic evolution) δίνοντας ουσιαστικές προτάσεις για την εξέλιξη των οσφρητικών υποδοχέων (olfactory receptors), τον προσδιορισμό του γενετικού φύλου (sex-determination) κλπ.

Δεν θέλω να μπω σε λεπτομέρειες για τον προσδιορισμό του γενετικού φύλου, απλά θέλω να το συνδέσω με κάποια βασικά σημεία αυτού του κειμένου. Έχει γίνει πραγματική προσπάθεια από τον Νεοδαρβινισμό για αυτό το θέμα αλλά ακόμη και μια απλή ανάγνωση[37] δείχνει ότι τα αποτελέσματα δεν ήταν σημαντικά.

Μερικά από τα βασικά σημεία αυτού του κειμένου ήταν ο τρόπος με τον οποίον η 'πραγματική μετάλλαξη' (όταν δηλαδή σταματήσει η παραγωγή των διάφορων ενδιάμεσων μορφών και η μορφή σταθεροποιηθεί[38]), μπορεί να βοηθηθεί και το "natural selection" να κάνει την "**καλύτερη επιλογή**".

---

[35] M. Nei, 'Mutation Driven evolution', Oxford University Press, 2013

[36] Proceedings of the National Academy of Sciences of the United States (PNAS), July 24, 2007

[37] Miller G.F.: A review of sexual selection and Human evolution. In C. Crawford & D. Krebs (Eds.), Handbook of evolutionary psychology, 1998.

[38] Έχουμε ήδη αναφερθεί στις τυχαίες διακυμάνσεις κλπ όπως και στο ότι το πιο εντυπωσιακό χαρακτηριστικό της μετάλλαξης είναι το ότι εμφανίζεται με μορφή ευκαιριακής μεταβολής, τυχαίας κατάστασης, πριν ακόμη σταθεροποιηθεί.

Είδαμε επίσης ότι τον Schrodinger να αναφέρει ότι η "διδακτική διεργασία " μας οδηγεί σε μια "ετοιμότητα χρήσης" της 'καλύτερης επιλογής'. Ο οργανισμός μας πρέπει να έχει έτοιμη την ανάγκη χρήσης για ένα νέο όργανο ή την αλλαγή χρήσης ενός οργάνου. Δεν πρέπει να περιμένουμε την αλλαγή να έλθει' όπως λέει και ο Schrodinger. Πρέπει να συμβάλλουμε σε αυτό.

Άρα λοιπόν βλέπουμε την χρησιμότητα της πίεσης των "ασεξουαλικών" η οποία όπως είπαμε έχει την βιαιότητα ενός θρησκευτικού κινήματος. Δεν ξέρω τί γνωρίζουν οι απόφοιτοι των τοπικών νεανικών οργανώσεων της ομοφυλοφιλικής (κλπ) υπερηφάνειας, αλλά η προσπάθεια τους έχει πιθανώς μια βιολογική δυνατότητα η οποία όταν κατακτήσουν την απόλυτη εξουσία θα ενταθεί. Οι ίδιοι, ήδη βρίσκονται σε ένα μεταβατικό στάδιο: η νεύρωση ή η ψύχωση είναι και βιολογικά χαρακτηριστικά που νομίζω πως μεταβιβάζονται.

Βέβαια ένα φυσικό μεταλλαξιογόνο (mutagenic element) παρουσιάζεται (ίσως) κάθε δέκα χιλιάδες χρόνια και δεν ξέρουμε ακόμη αν αυξάνει την συχνότητα μεταλλάξεων (rate of mutation). Ποιός ξέρει λοιπόν μέσα σε αυτό το μεγάλο χρονικά διάστημα ποιες άλλες δυνάμεις έχουν επιδράσει ή θα επιδράσουν πιο δυνατά από το παρόν κίνημα. Ίσως τελικά οι ασεξουαλικοι κυριαρχήσουν πολιτικά χωρίς να παραγάγουν κάποιο μεταλλαξιογόνο.

Μια που είδαμε το ρευστοφυλο, το ασεξουαλικο, το γκριζοσεξουαλικο κλπ κίνημα να έχει τα χαρακτηριστικά ενός θρησκευτικού κινήματος, πρέπει να πούμε ότι ο Huxley -από τον οποίο ο Schrodinger όπως έχουμε ήδη αναφέρει πήρε την ιδέα η οποία προσποιείται ότι ακολουθεί τον Δαρβίνο και τον Λαμάρκ ταυτόχρονα- είδε τον εαυτό του σαν ιδρυτή της "Θρησκείας του Ουμανισμού"[39] ή τέλος πάντων σαν μίας από τις εκδοχές του. Σύμφωνα με την γνώμη του Huxley, οι προηγούμενες θρησκείες έγιναν στατικές προστατεύοντας το δόγμα και τις τελετουργίες. Επίσης δεν μπορούσαν να απορροφήσουν την νέα επιστήμη, όπως π.χ. την 'θεωρία της εξέλιξης'; χρειαζόταν λοιπόν η ίδρυση μιας νέας θρησκείας.

Έχω την εντύπωση ότι η θρησκεία του Huxley ήταν ένα από τα προστάδια της Νέας Εποχής (new-age); αν και το new-age παρέμεινε σε μεγάλο βαθμό 'δημιουργισμικο' (creationist). Πολλοί αντίπαλοί του οπαδοί του υλιστικού ανθρωπισμού (materialist humanists) είδαν την προσπάθειά του σαν όχι και τόσο 'υλιστική'. Μια που το γνωσιολογικό πεδίο δυστυχώς σπανίως ξεπερνάει πια τους τελευταίους 2-3 αιώνες, το είδαν φυσικά σαν μια ενδιάμεση κατάσταση ανάμεσα στο πνευματικό και το υλιστικό, μη γνωρίζοντας ανάλογες καταστάσεις του παρελθόντος και κυρίως μη βλέποντας την έλλειψη ουσιαστικών διαφορών ανάμεσα στον πνευματισμό και στον υλισμό.

Δεν καταλαβαίνω την ανάγκη για μυστικιστική υπερβατικότητα, αλλά την ανάγκη του Huxley την βλέπουμε πολύ συχνά. Την βλέπουμε σε αρκετούς επιστήμονες όπως και σε δασκάλους που επηρέασαν την οπτική των νέων μαθηματικών και της νέας φυσικής (Riemann, Fechner, κλπ).

[39] Julian Huxley: "The coming New Religion of Humanism", American Humanist Association, 1962; "The new Divinity", Chatto & Windus, 1964, London.

Νομίζω ότι η φράση του Thomas Spencer στην ανασκόπηση του ρομαντισμού στην οποία προαναφερθήκαμε: 'Ο Θεός δεν εκδιώχτηκε από τους φυσικούς νόμους αλλά απορροφήθηκε από αυτούς' συνοψίζει καλά αυτή την ανάγκη της εποχής μας. Οι νόμοι της φύσης η οποίοι κράτησαν τον Θεό μακριά από την επιστήμη λόγω της Ελληνικής σκέψης άρχισαν να 'κουράζουν' και η επιστήμη παρά την φαινομενικά αντίθετη όψη της άρχισε να εισάγει όψεις του θειου.

Η επανεισαγωγή του θεού ακολούθησε έναν 'περίεργο' δρόμο. Μερικές δεκάδες χρόνια μετά την Naturphilosophie που περιγράψαμε οριστικοποιήθηκε και η κίνηση ενάντια στον ανθρωπομορφισμό (δηλαδή ενάντια στον ελληνικό ανθρωπομορφισμό). Και αυτό είχε να κάνει με την υιοθέτηση ενός νέου ηθικού αλλά όμως μεταφυσικού μοντέλου. Βλέπει κανείς για παράδειγμα τον Μαξ Πλανκ (ο οποίος ήταν πιστός χριστιανός και επίτροπος σε ναό, στην πόλη του) να γράφει το 1909 ότι 'η φυσική πρέπει να απαλλαγεί από τον δυνατό ανθρωπομορφισμό της'[40] . Αυτό είναι ένα στοιχείο που συνδέει τον Πλανκ με την εποχή του. Ο Φρόυντ πιστεύει[41] ότι αυτός είναι που δίνει το μεγαλύτερο χτύπημα στον ανθρωπομορφισμό, μεγαλύτερο και από αυτό που έδωσαν ο Κοπέρνικος και ο Δαρβίνος. Από την Ζωροαστρική μυστικιστική υπερβατικότητα των Riemann, Fechner, Νίτσε κλπ. στον αντι-ανθρωπομορφισμό λοιπόν; από τον Πλανκ στον Heisenberg και στον John Stewart Bell, μέχρι τα μέσα της δεκαετίας του 1970 όπου οι ανοιχτές συζητήσεις έκλεισαν!

---

40 Eight Lectures on Theoretical Physics' Dover Publications, 1998, Mineola, N.Y. (First published by the Columbia University Press in 1915; lectures were delivered at Columbia University in 1909

41 General Introduction to Psychoanalysis' Lectures delivered in 1915-17. Printed in English in 1920, www.bartleby.com (translated by Stanley Hall)

Είναι εντυπωσιακό, άλλα βλέπουμε ακόμη και στον Schrodinger να υποχωρεί. Μη μπορώντας τελικά να αποφύγει την γερμανική παράδοση παρατηρεί στο βιβλίο του 'Mind and Mater' που όπως έχουμε πει εκδόθηκε το 1956: "η σύγχρονη επιστημονική σκέψη, που είναι βασισμένη στην αρχαία ελληνική σκέψη και επομένως λοιπόν εντελώς Δυτική, χρειάζεται να τροποποιηθεί λίγο με μια μικρή δόση Ανατολικής σκέψης (με τις Ινδουιστικές Ουπανισάδες)'. Ο βασικός λόγος για αυτή την ανάγκη είναι κατά τον Schrodinger ότι "η επιστήμη μας, δηλαδή η Ελληνική επιστήμη βασίζεται στην αντικειμενοποίηση, επομένως έχει αποκοπεί από μια ικανοποιητική γνώση του υποκειμένου της γνώσης, δηλαδή από το πνεύμα[42]' . Αλλά ο Schrodinger συνεχίζει λέγοντας ότι αυτή η 'μετάγγιση χρειάζεται να γίνει με μεγάλη προσοχή για να αποφύγουμε το μπλοκάρισμα, μια που δεν θέλουμε να χάσουμε την λογική ακρίβεια στην οποία έχει φτάσει η επιστημονική μας σκέψη'.

Θα πάρει χρόνο για να αναλυθεί αυτή η αντικειμενοποιηση για την οποία μιλαει ο Schrodinger. Είναι άλλωστε και μια μομφή που χρησιμοποιείται συχνά από την Σχολή της Φρανκφούρτης (και τα παράγωγα της) ενάντια στην επιστημονική (Ελληνική) σκέψη[43].

---

[42] Ο Schrodinger γράφει mind εδώ

[43] Η ελληνική βεβαιότητα για την κυριαρχία του ανθρώπου επί της φύσης, ο απροσχεδίαστος χαρακτήρας της συνείδησης, η εξιδανίκευση του σώματος, και το επιστήμη χωρίς όρια είναι μια από τις συνηθισμένες κατηγορίες ενάντια στην ελληνική σκέψη οι οποίες περιλαμβάνονται σε αυτό που αποκαλούν αντικειμενοποιηση. Ο όρος αυτός πήρε την σημερινή του μορφή στην φεμινιστική θεωρία (ως μεταχείρισης του ανθρώπου-και ειδικά της γυναίκας-ως αντικειμένου και ως μέσου για την πραγματοποίηση κάποιου απώτερου σκοπού). Είναι πραγματικά βαρβαρότητα να δίνεται ο χαρακτηρισμός αυτός για την ελληνική πρακτική - ας πούμε την χρησιμοποίηση του ανθρώπου ως μέσου για το 'επιστήμη χωρίς όρια' η για την εξιδανίκευση του σώματος για άπλα και μόνο σεξουαλικούς λόγους. Αλλά και η μετάγγιση που προτείνει ο Schrodinger μοιάζει εκ των προτέρων αποτυχημένη. Οι Ουπανισάδες που όπως και ο Ζαρατούστρα ήταν -για λόγους που

Συνεχίζοντος την ανάλυση μας, εκτός από τα κενά στην θεωρία της εξέλιξης, και από ότι άλλο έχουμε συζητήσει μέχρι τώρα, ίσως μια άλλη πηγή πιθανοτήτων ανάπτυξης η και επιβολής του ρευστοφυλου, είναι η μυστικιστική υπερβατικότητα του Huxley στην οποία έστω και σε ελαχιστοποιημένο βαθμό –όπως μόλις είδαμε- κατέφυγε ουσιαστικά και ο Schrodinger στα τελευταία του.

Για να κλείσουμε αυτό το κείμενο με μια ψυχαγωγική νότα ας κοιτάξουμε για λίγο την πιθανότητα του οι ασεξουαλικοί να μπορούν να επιβληθούν με έναν άλλον τρόπο. Ο Νιτσε διαφωνούσε έντονα στις ιδέες του Δαρβίνου. Ανάμεσα στις αναφορές του στον Δαρβινο είναι και το: "η θέληση για δύναμη (will to power) την οποία αναγνωρίζω σαν την πιο βασική αιτία και το ουσιώδες χαρακτηριστικό άλλων των αλλαγών μας δείχνει τον λόγο για τον οποίο η (δαρβινική) επιλογή δεν ευνοεί την διαφορετικότητα και τις ξαφνικές, σημαντικές εμπνεύσεις: οι περίεργοι και οι πιο προφητικοί είναι τελικά αδύναμοι όταν έχουν σαν αντίπαλο τα οργανωμένα ένστικτα των κοπαδιών"[44]. Ίσως λοιπόν η Νιτσεϊκή 'θέληση για δύναμη' να είναι ένα άλλο μέσο για την βιολογική επιβολή των ρευστοφυλων. Αυτό το οργανωμένο ένστικτο του κοπαδιού μοιάζει λίγο ρατσιστικό βέβαια, το έβαλα όμως για να τονίσω τα προβλήματα που έχει η προσπάθεια επανεγγραφής (rewriting) του Νίτσε από την Κριτική Θεωρία (critical theory).

ίσως συνδέονται με το απώτατο παρελθόν- πάντα δημοφιλείς στην Γερμανική διανόηση δεν μπορούν να συνυπάρξουν με την Ελληνική σκέψη και πρακτική. Οι Ουπανισάδες προσφέρουν η έστω ψάχνουν να βρουν τον λόγο που υπάρχει πίσω από κάθε σκέψη και ενέργεια. Κάτι τέτοιο όμως εισάγει πάλι τον θεό (η υποκατάστατα του) στους φυσικούς νόμους, ενώ η ελληνική επιστημονική σκέψη δεν τον έλαβε καν υπόψη.

[44] "The Will to Power", section 647, Random House, New York 1967

Πρέπει ίσως να περιμένουμε, όπως έγραφε από το 1944 ο Schrodinger για νέο είδος φυσικού – μη φυσικού νόμου (new type of physical – or non-physical law) που θα εξηγήσει καλύτερα τα θέματα της Βιολογίας με τα οποία ασχοληθήκαμε σε αυτό το κείμενο. Αυτό όμως δυστυχώς είναι δύσκολο να γίνει μέσα στο σημερινό περιβάλλον που δεν ευνοεί την επιστημονική ανάπτυξη, τον επιστημονικό ανταγωνισμό. Η Κριτική Θεωρία, ο μεταμοντερνισμός, η Σχολή της Φρανκφούρτης (και φυσικά τα σημερινά μορφώματα τους) που είναι σύμμαχοι και επινοητές του ρευστοφυλου βλέπουν την επιστήμη σαν ακόμη μια ιδεολογία. Αυτό γίνεται ακόμη πιο προβληματικό επειδή επίσης προωθούν τον αντί-πειραματισμό, είναι ενάντια στον ποσοτικό προσδιορισμό (quantification) και προωθούν το κλίμα μη επαλήθευσης (anti-verification climate).

Και δεν είναι μόνο οι κοινωνιολογικές-πολιτικές 'επιστήμες' που στέκονται εμπόδιο σε μια νέα οπτική είναι και η θεαματική αύξηση της οντολογίας στην επιστήμη, που δεν έγινε με το 'σταγονόμετρο' όπως πρότεινε ο Schrodinger-και άλλωστε δεν θα μπορούσε να γίνει έτσι. Αυτό, εκτός από τις καρικατούρες / αστειότητες του holism και των string theories οδήγησε σημαντικούς επιστήμονες όπως τον Gerard 't Hooft[45] να προσπαθήσουν να κάνουν μαθηματικά μετρήσιμη την οντολογία και να προτείνουν την ύπαρξη οντολογικών καταστάσεων (ontological states) κάτω από/ σαν υπόβαθρο των κβαντικών καταστάσεων (για να το πούμε όσο πιο απλά γίνεται). Κάτι τέτοιες απόψεις δυστυχώς, για να το πούμε επίσης αρκετά απλά, μπορούν να

[45] Gerard 't Hooft, The Cellular Automaton Interpretation of Quantum Mechanics, Springer; 1st ed. 2016 edition

δικαιολογήσουν, να μετονομάσουν τον νοήμονα επιλογέα (Intelligent selector). του Δαρβίνου -που τόσο κριτικάραμε σε αυτό το κείμενο –σαν μια εσωτερική αριθμομηχανή της Φύσης.

ΒΙΒΛΙΟΓΡΑΦΙΑ (BIBLIOGRAPHY)

1. Erwin Schrodinger, 'What is Life?' and 'Mind and Matter' Cambridge University Press 1967, first published 1944
2. Masatoshi Nei, interview 16/3/2014, Discover Magazine
3. Masatoshi. Nei, 'Mutation Driven evolution', Oxford University Press, 2013
4. Elliot Sober "Origin Backwards", PNAS (Proceedings of the National Academy of Sciences of the United States of America), June 16, 2009
5. Erwin Schrodinger, "Mind and matter", University Press, University of Indiana, September 1958
6. Charles Darwin, 'On the origin of species' various editions
7. Charles Darwin, 'The Descent of Man' various editions
8. Robert I. Richards, "Darwin's Place in the History of Thought: a reevaluation", PNAS, June16, 2009
9. Pauling, L., 1987 Schrodinger's contribution to chemistry and biology, in Schrodinger: Centenary Celebration of a Polymath, edited by C. W. Kilmister . Cambridge University Press, Cambridge
10. Masatoshi Nei, "The new mutation theory of phenotypic evolution". Proceedings of the National Academy of Sciences of the United States (PNAS), July 24, 2007
11. Ofry Ilani, 'Being gay is passé', Haaretz 7/6/18
12. Photius, 'Bibliotheca' or 'Myriobiblos', 9th century AD (in Greek, some of its chapters translated in English at http://www.tertullian.org/fathers/photius)

13. Christopher Kuzawa, 'Why evolution needs development, and medicine needs evolution, International Journal of Epidemiology, 2012, vol. 41 (pg. 223-29)
14. Thomas Huxley, "Evolution and Ethics", The Romanes Lecture, 1893
15. Thomas Spencer, (University of North Carolina at Chapel Hill) review of Robert J. Richards ('The Romantic Conception of Life: Science and Philosophy in the Age of Goethe'. University of Chicago Press, 2002) Published in H-German (March, 2005)
16. Nicolaas A. Rupke, 'Alexander von Humboldt, A Metabiography', University of Chicago Press, 2008
17. Paul De Mann, 'Aesthetic Ideology' University of Minnesota Press, 1996
18. Frances H. Arnold Research Group, "Directed Enzyme Evolution", CALTECH
19. Suzanne DeWitt Hall, 'Jesus: The First Transgenderman' Huffington Post, 18 May 2016
20. Masatoshi Nei and Naoko Takezaki, 'The root of phylogenetic Tree of Human Populations', Journal of the Society for Molecular Biology', January 1996
21. Stephanie Mallia Fullerton: 'On the absence of Biology in Philosophical considerations of Race' in 'Race and Epistemologies of Ignorance', State University of New York Press, Albany 2007
22. Miller G.F.: 'A review of sexual selection and Human evolution'. In C. Crawford & D. Krebs (Eds.), Handbook of evolutionary psychology, 1998.

23.Julian Huxley: "The coming New Religion of Humanism", American Humanist Association, 1962; "The new Divinity'', Chatto & Windus, 1964, London.

24.Max Planck, 'Eight Lectures on Theoretical Physics'Dover Publications, 1998, Mineola, N.Y. (First published by the Columbia University Press in 1915; lectures were delivered at Columbia University in 1909

25.Sigmund Freund, General Introduction to Psychoanalysis'Lectures delivered in 1915-17. Printed in English in 1920, www.bartleby.com (translated by Stanley Hall)

26.Friedrich Nietzsche, 'The Will to Power, Random House, New York 1967

27.Gerard 't Hooft, The Cellular Automaton Interpretation of Quantum Mechanics, Springer; 1st ed. 2016 edition